பயனுள்ள ஏர்டெல் ப்ரீபெய்ட் சேவைகள்

இரா.நவீன்குமார்

பொருளடக்கம்

பொருளடக்கம்

முன்னுரை

அணைவருக்கும் வணக்கம்.நான் இரா.நவீன்குமார். நான் பயனுள்ள ஏர்டெல் ப்ரீபெய்ட் சேவைகள் என்ற புத்தகம் மூலம் உங்களை சந்திப்பதில் மகிழ்ச்சி அடைகிறேன். இப்புத்தகம் ஏர்டெல் ப்ரீபெய்ட் நெட்வொர்க் பயன்படுத்தும் வாடிக்கையாளர்களுக்கு மிகவும் பயனுள்ளதாக இருக்கும் என நம்புகிறேன். இப்புத்தகத்தின் மூலம் ஏர்டெல் ப்ரீபெய்ட் சம்பந்தப்பட்ட சேவைகள் பற்றிய தகவல்களை பெறுவீர்கள். இந்த தகவல்களை அறிந்து கொண்டு அவற்றைப் பயன்படுத்தி பயன்பெற வேண்டுமென நான் இறைவனை பிரார்த்தனை செய்து கொள்கிறேன். மற்றும் இப்புத்தகத்தை நீங்கள் படித்து முடித்துவிட்டு ஏதேனும் கருத்து கூற வேண்டும் என்றால் www.naveen8043@gmail.com என்ற ஜிமெயில் ஐடியில் தொடர்பு கொள்ளலாம்.

1

அத்தியாவசிய சேவைகள்

──────❧──────

ஏர்டெல் கணக்கில் உள்ள பண இருப்பை பற்றி தெரிந்து கொள்ள *123# அல்லது *527# என்ற எண்ணை டயல் செய்து தெரிந்துகொள்ளலாம்.

❧

உங்களது கணக்கில் இருக்கும் பணம், சிறப்பு சலுகை, கடைசி ரீசார்ஜ், பணம் பிடித்தம், என உங்கள் எண்ணை சார்ந்த அனைத்து தகவல்களை பெற *121# அல்லது 121 என்ற எண்ணை அழைத்து தெரிந்துகொள்ளலாம்.

❧

உங்கள் ஏர்டெல் ப்ரீபெய்ட் கணக்கில் உள்ள பணத்தை மற்றொரு ஏர்டெல் ப்ரீபெய்ட் கணக்கிற்கு மாற்ற அல்லது உங்கள் ஏர்டெல் ப்ரீபெய்ட் கணக்கிற்கு அவசர கடன் வாங்க *141# என்ற எண்ணிற்கு டயல் செய்யவும்.

෧

ஏர்டெல் வாடிக்கையாளரை தொடர்பு கொண்டு உங்களது ப்ரீபெய்ட் கணக்கு சம்பந்தப்பட்ட புகார்களை தெரிவிக்க 198 என்ற எண்ணை அழைக்கவும்.

2

Airtel Thanks App

நமது ஏர்டெல் அக்கௌன்ட் முழுவதையும் நிர்வகிக்க ஏர்டெல் நிறுவனம் Airtel Thanks App ஐ அறிமுகம் செய்துள்ளது.

அதில் ரீசார்ஜ் செய்து கொள்ளலாம், பேலன்ஸ் சரிபார்த்துக் கொள்ளலாம், மற்றும் டிடிஎச் ஆக்கவுண்ட், போஸ்ட்பைட் ஆக்கவுண்ட், ஏர்டெல் மணி அக்கௌன்ட், அனைத்தையும் மேனேஜ் செய்து கொள்ளலாம்.

ஆண்ட்ராய்டு மொபைல் பயன்படுத்தாதவர்கள், *121# என்ற எண்ணை பயன்படுத்தி அனைத்து அக்கவுண்ட்டையும் மேனேஜ் செய்து கொள்ளலாம்.

3

Airtel Advanced Taketime

நமது ஏர்டெல் கணக்கில் பணம் இல்லாத போது ஏதேனும் அவசர நிலை ஏற்பட்டால் கடன் பெற்றுக் கொள்ளலாம்.

ஏர்டெலில் மூன்று வகையான கடன் உள்ளது.

Main balance loan
(பத்து ரூபாயிலிருந்து ஐம்பது ரூபாய் வரை கடன் பெற்றுக் கொள்ள-லாம்)

Data balance loan (30mb loan வாங்கிக் கொள்ளலாம். Rs.10)

SMS balance loan (50 sms rs.5 வாங்கிக் கொள்ளலாம்)

அனைத்து கடன்களை பெற 52141 அல்லது 12126 என்ற எண்ணிற்கு டயல் செய்யவும்.

மெயின் பேலன்ஸ் லோனுக்கு *141*10# டயல் செய்யவும்.
லோன் பிடித்தம் நிலையை சரி பார்க்க *141*001#, *141*111# டயல் செய்யவும்.

4

Airtel Customer Care Numbers

ஏர்டெல் வாடிக்கையாளர்களை தொடர்பு கொள்ள பல்வேறு எண்கள் உள்ளது. அந்த எண்களை இப்போது பார்க்கலாம்.

198

121

123

9820012345

9840012345

9810012345

9892098920

9934012345

9894198941

18001031111

18001030405

5

Do Not Disturbe

இதை பயன்படுத்தி தேவையில்லாத கம்பெனி மெசேஜ்கள், கம்பெனி கால்கள் வருவதை தடுக்கலாம்.
இந்த சேவையை இரண்டு வகையாக பெறலாம்.
Full do not disturbe
Off do not disturbe

Full Do Not Disturbe என்பது முழுவதுமாக கம்பெனி தரப்பிலிருந்து எந்த மெசேஜும் வராமல் தடுப்பது ஆகும்.

Off Do Not Disturbe என்பது குறிப்பிட்ட துறை சார்ந்த மெசேஜ் மற்றும் கால்களை பெற்றுக் கொள்ளலாம். மற்ற எந்த கம்பெனி மெசேஜும் வராது.

இதை ஆக்டிவேட் செய்ய 1909 என்ற எண்ணை டயல் செய்து எந்த டிஸ்டப் சேவை வேண்டுமோ அதை தேர்வு செய்து ஆக்டிவேட் செய்து கொள்ளலாம்.

6

உங்களது ஏர்டெல் தொலைபேசி எண்ணை அறிவது எப்படி?

உங்கள் ஏர்டெல் தொலைபேசி எண்ணை மறந்து விட்டீர்களா. இனி கவலை வேண்டாம் இந்த வழியின் மூலம் உங்கள் தொலைபேசி எண்ணை தெரிந்துகொள்ளலாம்.

எந்த சிம்மில் மொபைல் நம்பரை தெரிந்து கொள்ள வேண்டும் என்று நினைக்கிறீர்களோ அந்த சிம்மில் இருந்து *282# என்ற எண்ணிற்கு டயல் செய்யவும்.

அல்லது

*121*9# என்ற எண்ணிற்கு டயல் செய்யவும்.

பிறகு உங்கள் தொலைபேசி எண் திரையில் தோன்றும் அதை பதிவு செய்து வைத்துக்கொண்டு பயன்படுத்திக் கொள்ளுங்கள்.

7

ஏர்டெல் பேமென்ட் பேங்க்

ஏர்டெல் பேமென்ட் பேங்க் என்பது கடைகளை வங்கிகளாக பயன்படுத்-திக்கொள்ள கூடிய சேவை.

இதில் பணம் எடுப்பது பணம் போடுவது ரீசார்ஜ் பில் பைமெண்ட் என அனைத்தையும் செய்து கொள்ளலாம்.

இதைப் பயன்படுத்த அருகிலுள்ள ஏர்டெல் பேமென்ட் பேங்க் என்று பலகை போட்டு இருக்கும் கடையிலோ அல்லது ஏர்டெல் ஸ்டோர் சென்று அக்கவுண்ட் ஓபன் செய்து கொள்ளலாம்.

அல்லது ஏர்டெல் தேங்க்ஸ் ஆப்பில் சென்று அக்கவுண்ட் ஓபன் செய்து கொள்ளலாம்.

அல்லது *400#,என்ற எண்ணிலோ 400 என்ற எண்ணிலோ அக்க-வுண்ட்டை ஓபன் செய்து பயன்படுத்திக் கொள்ளலாம்.

8

ஏர்டெல் வாடிக்கையாளர்கள் பேலன்ஸ் இல்லாத போது மிஸ்டுகால் கொடுப்பது எப்படி?

இந்த சேவையின் மூலம் ஏர்டெல் வாடிக்கையாளர்கள் மற்றொரு ஏர்-டெல் வாடிக்கையாளர்களுக்கு
மொபைலில் பேலன்ஸ் இல்லாத போது மிஸ்டுகால் ரிக்வெஸ்ட் கொடுத்-துக் கொள்ளலாம்.

இப்படி கொடுப்பதன் மூலம் நீங்கள் கால் செய்ய சொல்லியிருப்பதாக அவர்களுக்கு எஸ்எம்எஸ் போகும்.

அந்த எஸ்.எம்.எஸ் ஐ அவர் பார்த்து விட்டு உங்களுக்கு கால் செய்து பேசுவார்.

இதை எப்படி செய்வது என்று பார்ப்போம் வாருங்கள்.

முதலில் *141# என்ற எண்ணுக்கு டயல் செய்யவும்.

பிறகு Welcome to Airtel என்று காட்டி ஓகே பட்டன் கேட்டிருக்கும் அதை அழுத்தவும்.

பிறகு அதில் ஒரு திரை தோன்றும். அதில் 5.Call me back sms என்று இருக்கும்.

நீங்கள் 5 வது நம்பரை தேர்வு செய்து அனுப்பவும்.

பிறகு தொலைபேசி எண் கேட்கும் அதை பதிவு செய்து அனுப்பவும்.

அவ்வளவுதான் இப்போது நீங்கள் கால் செய்ய சொன்னதாக அவர்க-ளுக்கு எஸ்.எம்.எஸ் போய் சேர்ந்திருக்கும்.

பிறகு அவர் உங்களைத் தொடர்புகொண்டு பேசுவார்.

9

வாய்ஸ் மெசேஜ்

நீங்கள் யாருக்காவது கால் செய்யும் போது அவர்கள் கால் எடுக்க-வில்லை என்றால் அவர்களுக்கு வாய்ஸ் மெசேஜை அனுப்பலாம்.

அதை எப்படி அனுப்புவது என்பதை பற்றி இப்போது பார்க்கலாம்.

*ஐதொடர்ந்து அனுப்ப விரும்பும் எண்ணை டைப் செய்யவும்.

பிறகு கால் பட்டனை அழுத்தவும்.

இப்போது ரெக்கார்ட் செய்ய சொல்லி பீப் சவுண்ட் வரும். அப்போது ரெகார்ட் செய்யவும்.

பிறகு அனுப்ப சொல்லி ஒரு பட்டனை அழுத்த சொல்லும் அதை அழுத்தவும்.

இப்போது அவர்களுக்கு வாய்ஸ் எஸ்எம்எஸ் சென்றிருக்கும். அவர்கள் அதை பார்த்துவிட்டு உங்களுக்கு கால் செய்வார்கள்.

கவனிக்கவும். வாய்ஸ் எஸ்எம்எஸ் அனுப்ப ஒரு நிமிடத்திற்கு குறிப்பிட்ட கட்டணம் வசூலிக்கப்படும்.

10

இன்டர்நெட் செட்டிங்ஸ் சேவ் செய்வது எப்படி?

உங்கள் ஏர்டெல் மொபைலில் இன்டர்நெட் வேகம் குறைந்தால் அல்லது இன்டர்நெட் பயன்படுத்த முடியவில்லை என்றால் இன்டர்நெட் செட்டிங்ஸ் பிழையாக கூட இருக்கலாம்.

அதை சரிசெய்ய இன்டர்நெட் செட்டிங்ஸ் சேவ் செய்ய வேண்டும்.

அதை எப்படிப் பெறலாம். அதை எப்படி சேவ் செய்யலாம் என்பதைப் பற்றி இப்போது பார்க்கலாம்.

முதலில் உங்களது மொபைலில் மெசேஜ் app open செய்து MO என்று டைப் செய்து 54321 என்ற எண்ணிற்கு அனுப்பவும்.

பிறகு உங்களுக்கு இன்டர்நெட் செட்டிங்ஸ் வரும்.

அதை கிளிக் செய்தால் பின் number கேட்கும். அதில் 0000 கொடுத்து save செய்யவும்.

இப்போது இன்டர்நெட் செட்டிங்ஸ் தயாராகிவிடும். நீங்கள் வேகமான இன்டர்நெட்டை உபயோகிக்கலாம்.

11

Airtel Call Manager (ACM)

இந்த சேவையின் மூலம் உங்களுக்கு வரும் கால்களை மேனேஜ் செய்து கொள்ளலாம்.

உதாரணமாக: நீங்கள் டிரைவிங்கில் உள்ளீர்கள் என்றால் இந்த சேவை-யின் மூலம் டிரைவிங் mode. activate செய்து கொள்ளலாம்.

யாராவது கால் செய்தால்"நீங்கள் அழைக்கும் நபர் டிரைவிங்கில் உள்-ளார் பிறகு கால் செய்யவும்" என்று கூறி விடும்.

இதற்கு மாதம் 30 ரூபாய் கட்டணம் வசூலிக்கப்படும்.

இதை எப்படி ஆக்டிவேட் செய்வது மற்றும் பயன்படுத்துவது என்று பார்ப்போம்.

*323# என்ற எண்ணிற்கு டயல் செய்து ஆக்டிவேட் செய்து கொள்ள-லாம்.

இந்த சேவையை செயலியிலும் (APP) மேனேஜ் செய்து கொள்ளலாம்.

CM என்று டைப் செய்து 52323 எண்ணிற்கு அனுப்பியும் ஆக்டிவேட் செய்து கொள்ளலாம்.

12

Missed Call Management (MCA)

❦

இந்த சேவையின் மூலம் யாராவது உங்கள் மொபைல் சுவிட்ச் ஆப் நிலையில் இருக்கும் போது அல்லது தொடர்பு எல்லைக்கு வெளியில் இருக்கும் போது கால் செய்தால். யார் கால் செய்தார்கள் என்று அவருடைய நம்பருடன் எஸ்.எம்.எஸ் மூலம் உங்களுக்கு அறிவிக்கும்.

இந்த சேவை இலவசம். கட்டணம் ஏதும் கிடையாது.

ஆக்டிவேட் செய்ய

*888#

59500

என்ற எண்ணின் மூலம் ஆக்டிவேட் செய்து கொள்ளலாம்.

13

இன்டர்நெட்டை ஆக்டிவேட் செய்வது எப்படி?

புதிதாக மொபைல் அல்லது சிம் வாங்கியவர்கள் இன்டர்நெட் உபயோ-
கிக்க வேண்டுமென்றால் முதலில் இன்டர்நெட்டை ஆக்டிவேட் செய்ய
வேண்டும்.

அதை எப்படி ஆக்டிவேட் செய்யலாம் என்பதை பற்றி பார்க்கலாம்
வாருங்கள்.

முதலில் 1925 என்ற எண்ணிற்கு டயல் செய்யவும்.

இப்போது மொழியைத் தேர்ந்தெடுக்கவும்

பிறகு இன்டர்நெட்டை ஆக்டிவேட் செய்ய ஒன்றை அழுத்தவும் அல்லது டி ஆக்டிவேட் செய்ய இரண்டு அழுத்தவும் என்று கேட்கும்.

நாம் ஒன்றை அழுத்த வேண்டும்

பிறகு சிறிது நேரத்தில் இன்டர்நெட் ஆக்டிவேஷன் ஆகிவிடும்.

<u>வேறு வழிகள்:</u>

START என்று டைப் செய்து 1925என்ற எண்ணிற்கு அனுப்பி இன்-டர்நெட்டை ஆக்டிவேட் செய்து கொள்ளலாம்.

அல்லது

STOP என்று டைப் செய்து 1925 என்ற எண்ணிற்கு அனுப்பி இன்-டர்நெட்டை டி ஆக்டிவேட் செய்து கொள்ளலாம்.

14

Airtel Prepaid நெட்வொர்க்கில் இருந்து மற்றொரு ஏர்டெல் *prepaid* நெட்வொர்க்கிற்கு பணம் அனுப்புவது எப்படி?

❧

Airtel Prepaid நெட்வொர்க்கில் இருந்து மற்றொரு ஏர்டெல் prepaid நெட்வொர்க் எண்ணிற்கு எப்படி பேலன்ஸ் அனுப்புவது என்று இப்போது பார்க்கலாம்.

முதலில் *141#என்ற எண்ணிற்கு டயல் செய்யவும்.

Welcome to Airtel என்று வரும் அதை ஓகே செய்யவும்.

பிறகு திரையில் ஒரு மெனு தோன்றும். அதில் share talk time என்று இருக்கும் அதை தேர்வுசெய்யவும்.

பிறகு திரையில் மொபைல் எண்ணை டைப் செய்ய சொல்லி கேட்கும். அதில் மொபைல் எண்ணை டைப் செய்யவும்.

பிறகு தொகையை தேர்வு செய்ய சொல்லி கேட்கும். தொகையை டைப் செய்து அனுப்பவும்.

பிறகு நீங்கள் டைப் செய்த தொகைக்கான சர்வீஸ் சார்ஜ் எவ்வளவு பிடிப்பார்கள் என்று காட்டும்.

பிறகு conform கேட்கும்.

Conform கொடுத்தவுடன் நீங்கள் யாருக்கு பணம் அனுப்பினீர்களோ அவருக்கு சென்றுவிடும்.

சில சமயங்களில் தொழில்நுட்பக் கோளாறு காரணமாக சர்வர் டவுன் என்று வந்துவிடும் பிறகு சிறிது நேரம் கழித்து முயற்சி செய்து பாருங்-கள்.

15

அனைத்து மதிப்புக்கூட்டும் சேவைகளையும் டி ஆக்டிவேட் செய்வது எப்படி?

உங்கள் மொபைலில் செயலில் இருக்கும் அனைத்து VAS சேவைக-ளையும் deactivate செய்வது மிகவும் சுலபம். அதுபற்றி இப்போது பார்க்கலாம்.

அதற்கு நீங்கள் 155223 என்ற எண்ணிற்கு டயல் செய்யவும்.

உங்கள் அக்கவுண்டில் செயலில் இருக்கும் சேவைகள் குறித்து காட்டும்.

நீங்கள் டி ஆக்டிவேட் செய்ய விரும்பும் சேவையை தேர்வுசெய்யவும்.

பிறகு சிறிது நேரத்தில் அந்த சேவை டி ஆக்டிவேட் ஆகிவிடும்.

16
Portibility

———❦———

Portibility என்பது ஒரு நெட்வொர்க்கில் இருந்து மற்றொருவருக்கு மாற்றி கொள்வதை குறிக்கும்.
சரி இதை எப்படி செய்வது என்பதை இப்போது பார்க்கலாம்.

PORT (space) mobile number டைப் செய்து 1900 என்ற எண்ணிற்கு அனுப்பவும்.

பிறகு உங்களுக்கு ஒரு போர்ட் கோட் வந்து இருக்கும்.

அந்த code இற்கு குறிப்பிட்ட நாள் கால அவகாசம் கொடுத்து இருப்பார்கள்.

அதற்குள் நாம் மாற நினைக்கும் நெட்வொர்க் ஸ்டோர்க்கு அல்லது சிம் விற்கும் கடைக்குச் சென்று உங்களுக்கு வந்த code, ஆதார் கார்ட் கொடுத்து புது சிம்மை பெற்றுக் கொள்ளலாம்.

பிறகு சிம் வாங்கிய இரண்டு வாரங்களுக்குள் நீங்கள் வாங்கிய நெட்வொர்க்கின் குறியீடு மேலே காட்டும். பிறகு, 59059 என்ற எண்ணிற்கு டயல் செய்து அவர்கள் கேட்கும் ஆதாரத்தை பதிவு செய்து ஆக்டிவேஷன் செய்து கொள்ளலாம்.

பிறகு FRC என்று சொல்லக்கூடிய முதல் ரீசார்ஜ் செய்ய வேண்டியது கட்டாயம். அதைச் செய்தால் மட்டுமே அனைத்து சேவைகளையும் பெற முடியும்.

அந்த ரீசார்ஜ் தவிர்த்து நீங்கள் எப்போதும் போடும் ரீசார்ஜ் செய்தாள் எந்த சேவையும் ஆக்டிவேஷன் ஆகாது.

ஆகையால் FRC ரீசார்ஜ் செய்த பிறகு அந்த சிம்மை தாராளமாக பயன்படுத்திக் கொள்ளலாம்.

17

Airtel Live Arathi

இந்த சேவையின் மூலம் பிரபல கோவில்களில் நடைபெறும் பூஜைகளை நேரடி ஒளிபரப்பு மூலம் மற்றும் மறு ஒளிபரப்பும் மூலம் தினமும் கேட்-கலாம்.

அதற்கான கட்டணம் மாதத்திற்கு 30 ரூபாய்.

இந்த சேவையின் பெயர்: லைவ் ஆரத்தி.

இந்த சேவையை 55200 என்ற எண்ணிற்கு டயல் செய்து ஆக்டிவேட் செய்து கொண்டு. 10 நிமிடம் கழித்து மறுபடியும் அதே எண்ணிற்கு அழைத்து நேரடி பூஜைகளை கேட்டுக் கொள்ளலாம்.

18

Bakthi katha Service

———— ❧ ————

இந்த சேவையின் மூலம் இந்து புராண கதைகளை கேட்கலாம்.

50522 என்ற எண்ணுக்கு டயல் செய்து ஆக்டிவேட் செய்து கொள்ள-
லாம். பிறகு அதே எண்ணுக்கு கால் செய்து பயன்படுத்திக் கொள்ள-
லாம்.

இந்த சேவைக்கு மாதம் 30 ரூபாய் வசூலிக்கப்படும்.

19

Airtel Cricket Pack

இந்த சேவையின் மூலம் மேட்ச் நடக்கும் போது கிரிக்கெட் லைவ் ஸ்கோர் களை எஸ்எம்எஸ் மூலம் பெறலாம் மற்றும் கிரிக்கெட் சம்மந்தப்பட்ட அனைத்து தகவல்களையும் கால் செய்தும் கேட்டுக் கொள்ளலாம்.

53776 என்ற எண்ணிற்கு கால் செய்து ஆக்டிவேட் செய்து கொள்ளலாம். பிறகு அதே நம்பருக்கு கால் செய்து பயன்படுத்திக் கொள்ளலாம்.

இந்த சேவைக்கு மாதம் 30 ரூபாய் வசூலிக்கப்படும்.

மேட்ச் நாட்களில் ஆக்டிவேட் செய்து கொண்டால் பயனுள்ளதாக இருக்கும்.

20

Airtel Hello Tune

உங்களுக்கு யாராவது கால் செய்யும்போது அவர்களுக்கு ரிங் சவுண்ட் கேட்கும். அதற்கு பதிலாக உங்களுக்கு பிடித்த பாடலை ஹலோ டுயூன் ஆக செட் செய்யலாம்.

இந்த சேவையை அனைத்து ப்ரீபெய்ட் நெட்வொர்க்கும் வழங்குகிறது.

அதை ஒவ்வொரு நெட்வொர்க்கும் ஒவ்வொரு பெயர்களைச் சொல்லி அழைக்கின்றது.

அப்படி ஏர்டெலில் அதற்குப் பெயர் ஏர்டெல் ஹலோ டியூன்.

வாருங்கள் அதை எப்படி ஆக்டிவேட் செய்யலாம் என்று பார்ப்போம்.

ஏர்டெல் ஹலோ ட்யூனை ஆக்டிவேட் செய்ய பல எண்கள் உள்ளது மற்றும் செயலியும் உள்ளது.

செயலி: wynk music

எண்கள்:

57373

57878

5787862

57878978

54345

543211444

5787816

5434555

5432151

5787810

5787863

543211

543215

57373002

543215

5432113

578785

550550

550559

இந்த வழிகளின் மூலம் பிடித்த பாடல்களை ஹலோ டியூன் ஆக செட் செய்யலாம்.

21

Airtel Name Tune

━━━━━━━━━━━━ ❧ ━━━━━━━━━━━━

ஏர்டெலில் பாடல்களை Hellotune ஆக வைப்பது போல் பெயர்க-ளையும் வைக்கலாம்.

இந்த சேவையின் பெயர்: Airtel Name Tune

இந்த சேவையை 54000 என்ற எண்ணிற்கு டயல் செய்து உங்கள் பெயரை கூறி ஆக்டிவேட் செய்து கொள்ளலாம்.

22

Airtel Reward Tune

உங்களுக்கு யாராவது கால் செய்தால் caller tune பதிலாக பெரிய கம்பெனியோட விளம்பரத்தை உங்க காலர் டியூனாக வைத்து மாதம் 15 ரூபாய் வரை மெயின் அக்கவுண்ட் பேலன்ஸ் பெறலாம்.

இந்த சேவையின் பெயர்: Airtel Reward Tune.

இந்த சேவை லைஃப் டைம் முழுவதும் இலவசம்.

இந்த சேவையைஆக்டிவேட் செய்ய

*580# என்று என்னை டயல் செய்யலாம்.

அல்லது

50080 என்று என்னை அழைக்கலாம்.

அல்லது

RT டைப் செய்து 50080 என்ற எண்ணுக்கு எஸ்எம்எஸ் அனுப்பியும் ஆக்டிவேட் செய்து கொள்ளலாம்.